# 契 子

今 天 的 妳 （ 你 ） 有 好 好 呼 吸 嗎 ？

作者 Dreamer
40 歲前遺忘人生夢想，
活死人般的活著人生

40 歲後因為愛情的失去，
痛苦帶自己回到呼吸與自然的懷抱裡，重生著

50 歲帶著喜悅、覺知、擁抱不完美地態度與行動力活著，
並 1 一實現童年夢想並分享愛的流動力

賣夢日記，是我在人生谷底的期間中，回歸自然，
為自己創造了香草花園的生活同時
記錄下自己在心念轉化前的自我對話過程

我將它重新選擇後，
給予新的設計插圖、新的編排，
為自己的生命做個回顧整理斷捨離

第一本以節氣的編排呈現
第二本以圖畫與筆記本的編排呈現
想帶大家回到感受、
感受情緒是中性的，停止過度的思考與解讀

同時也期盼能以更清新簡單方式，
將書中留下生命力也分享書的可用功能
陪伴宇宙連結的有緣的您一程

Dreamer

放鬆

回到呼吸之間、停一下！

找一個不被打擾的所在，將專注力回到身體，

在呼吸之間放鬆全身，

深吸氣～讓氣充滿心、充滿肺，充滿內在！

深吐氣～持續放鬆、腹部內縮、直到氣全部從體內流出！

一吸一吐之間、創造空間，感知呼吸發生著的美好，

有意識的回到呼吸，感謝身體！

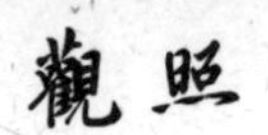

起床儀式 1

天亮了，我觀照到身體還緊繃著有點累，
心裡還有著未解的情緒、以及等待決定的許多選擇，
坐到窗邊讓脊椎慢慢延伸至頭頂去感受到光，
先將意識歸回身體覺知中，
以溫柔慈悲的心陪伴身體，
有意識的深呼吸…

温柔

允許

起床儀式 2

意念依然紛飛著，記得允許、不批判，

持續有意識的深呼吸，覺知身體的流動，

這個當下的專注，

我看見洗手台裡的水滴、

延伸看到了「To To」，

搬家快要 2 年了，早晚刷牙時，

從來沒有意識到的這個字在這裡！

專注

起床儀式 3

站在瑜伽墊上，透過呼吸與好好的站著來開啟感覺，

覺察到多年來沒有力量的左腿，

我感覺到左腿踩地、向上推臀肌、

脊椎一直到延伸到頭頂、向上的力量，向下紮根、

向上連結，給身體至少10個深呼吸..

謝謝身體、謝謝今天，

帶上今天的感恩與祝福！

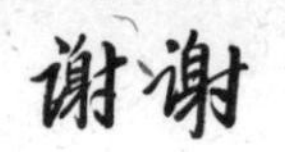

今天的天空很舒服，

似乎到哪都能有一片寧靜與美好。

【每一個人都有理想，只是理想不一樣，

理想需要去實現，理想需要去開創，

不要心猶豫，不要心徬徨，你的意志要堅強，

只要能把握人生の方向，幸福就在你身旁…】

這首「把握人生的方向」是我小時候，

常聽阿爸上台唱給大家聽的，

如今，感覺更是值得唱予自己聽...

生命是珍貴需要感恩的，際遇是可遇不可求的，

唯有活在當下，常保善心正念，做你想做的一切！

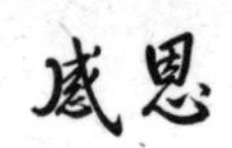
感恩

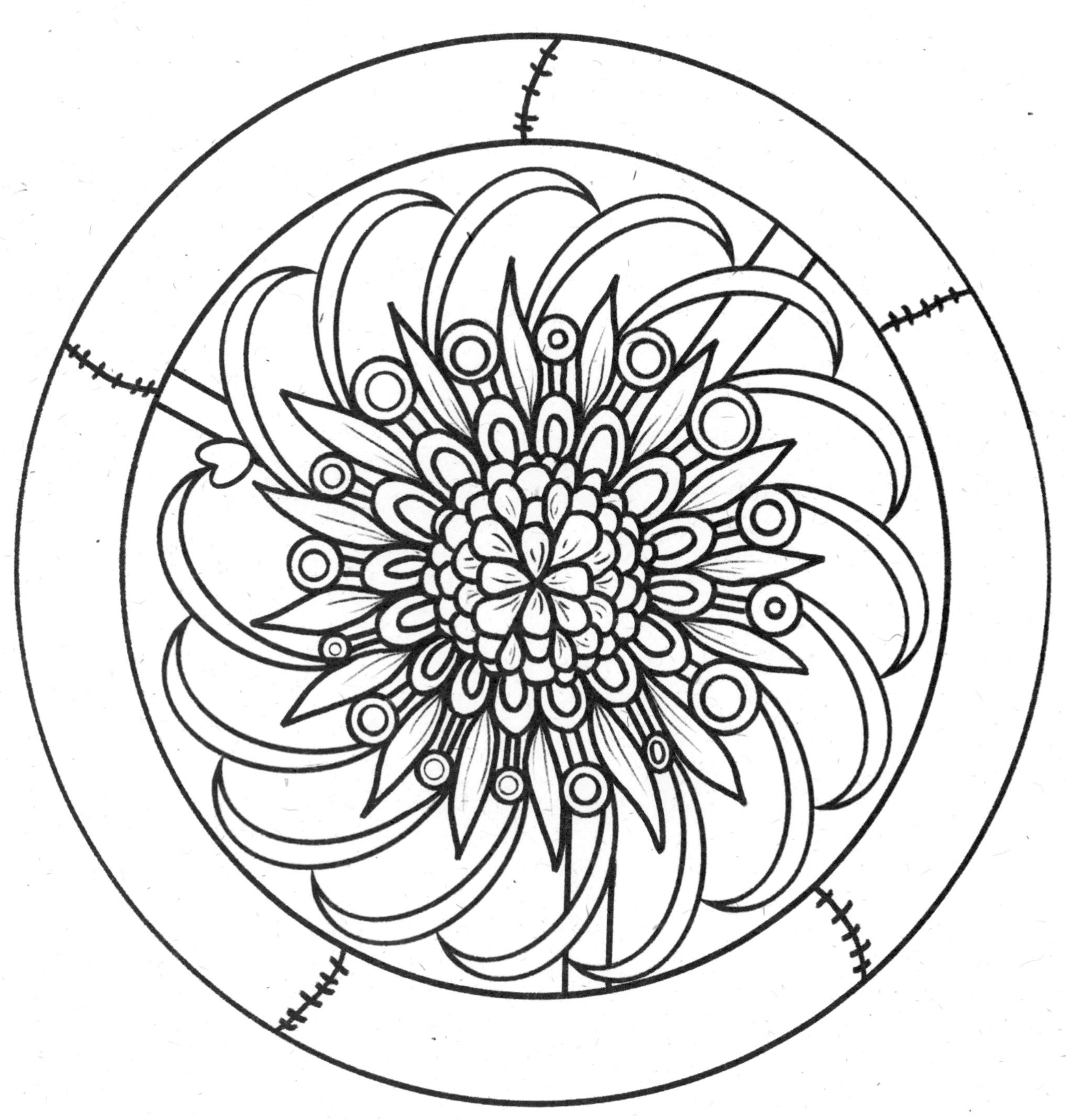

某一個農曆年，無論是住宿的villa、
爬山時的路過、逛園藝時的造景，
都不斷有可愛的銅錢草吸引著我的目光，
一過完年就想找來種，卻意外發現，在賣夢裡有好多，
就長在山邊，我很開心的移植了一些…
看看…如今已經長了10倍之多！
還真該給它畫個範圍，才能讓週邊植物有空間生長！
賣夢田的隨性植株，會互搶地盤，
此刻，考驗著我該如何重組田地，
讓植物平衡共生、隨緣生長~

香草園區裏每天充滿著小驚喜，
這天看見小草的生命力是多麼驚人。
寒冷的天氣，植物都在凋零，
卻看到工作手套上，佈滿了發芽的小草，
生命力如此讓人感動著。
生命的原動力，原來就是好好活著。

捨

割捨…需要勇氣與智慧、果斷的放下！

修葉後的辛夷花開了…

賣夢香草園更添新意、綠光飛翔…

感覺到重生的生命力…得心自在！

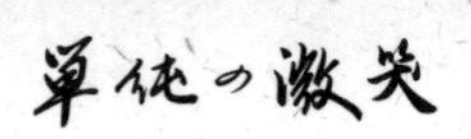

看小女兒彤玩小風車，

跑來跑去的。

童真，是如此的容易滿足，

單純の微笑，真好！

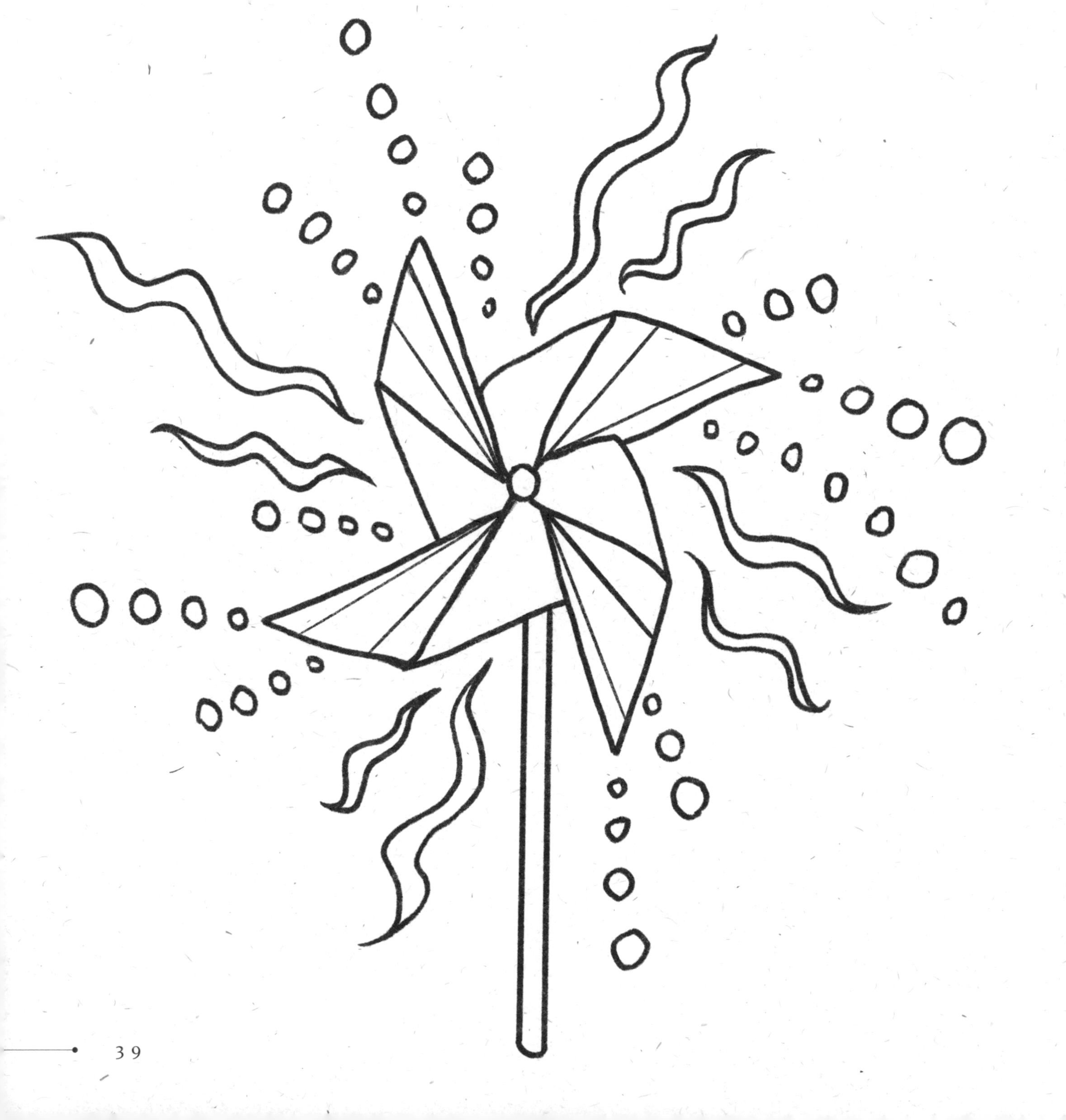

這幾天連續濕冷，盡量不開窗，

戶外用水桶接著雨水，儲備澆花用水，

12度的氣溫，賣夢有些許的凍涼，該如何取暖呢？

看著香草們每天身在雨中，有點擔心太濕了…

買了除濕機跟小電暖爐，試試效果囉！祝福！

知道容易、悟道難；悟道容易、行道難；

行道容易、持道難！

不怕別人的比較，最難過去的，

是自己什麼時候早被植入內心深處的比較心。

當它看見一些畫面時，它就蠢動作用著…

而我，就莫名地為其左右，不開心，

也只能看著它在隱隱作用著。

離開，轉移注意力吧！

要相信愛，

自己會走到不用比較的快樂天地裡與蝶飛舞～

彰化老家早就賣了，也已改建…

這棟屋子早已人事已非…

生命劇場裡，總有人默默退場，

不打一聲招呼～ 或許，

他們只是這場劇中的過客與串場，

我卻錯的將他們的戲份增加～

讓自己單純活在當下的美好，

物來則應、物去不留，需要練習的是什麼？

感恩、知足、明心、寬恕、覺察與放下～

讓生命舞台上，場場平安落幕，

帶給明天的我，安然自在的憶。

然後順流，喜悅地，迎接新的因緣和合。

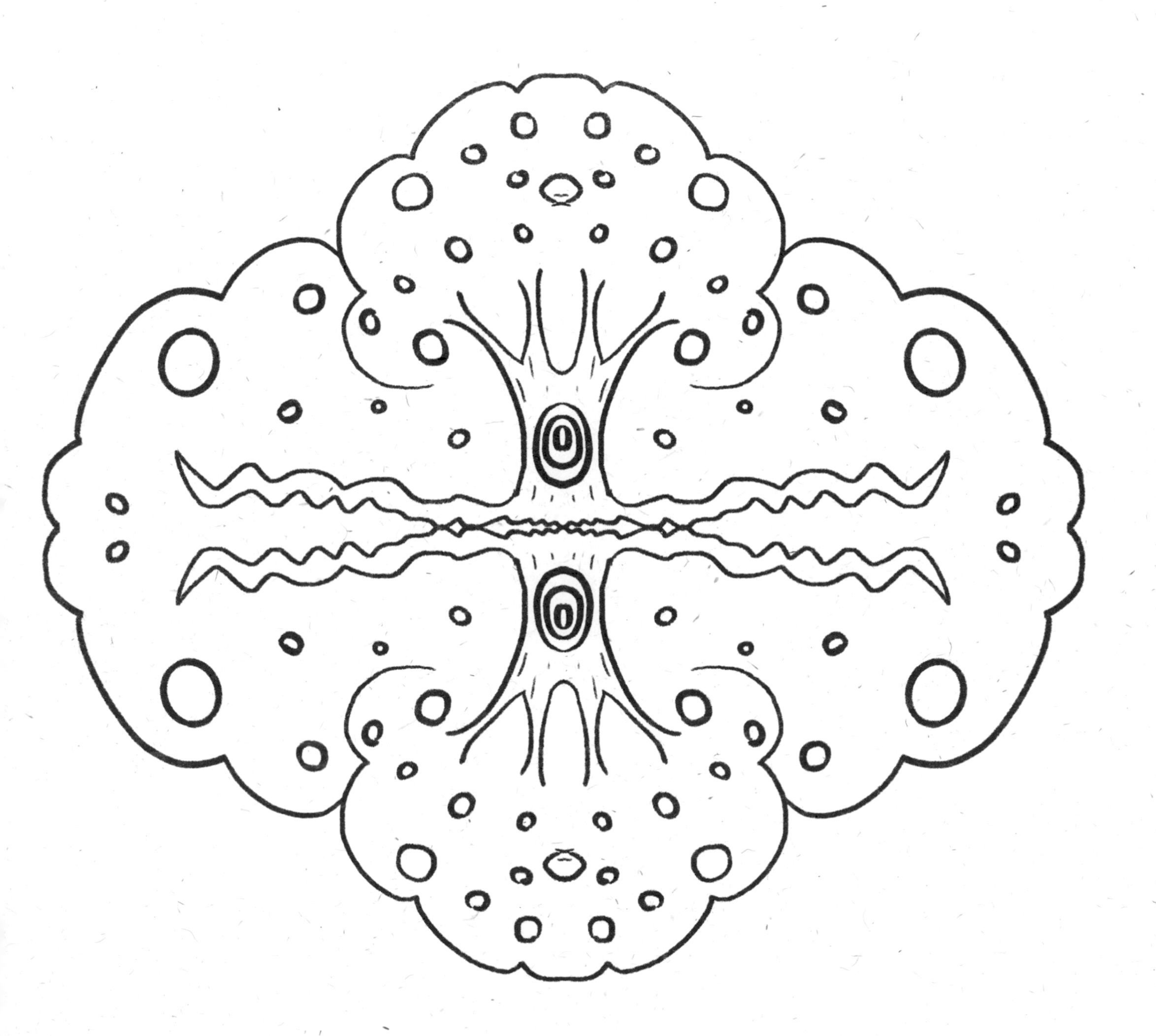

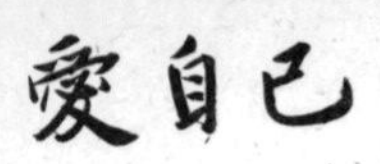

三天的花蓮共學，返家後的桌上，

一晚暖暖的素補湯…

謝謝阿姨，

讓我跟小女兒彤一到家就感到溫馨！

看見柚子花開了，心中的花也跟著開了，

每天愛自己一點點，放心上練習著^^

三天的身心旅程，也是愛自己的一種方式！

感謝女兒共學，感恩與祝福著一切！

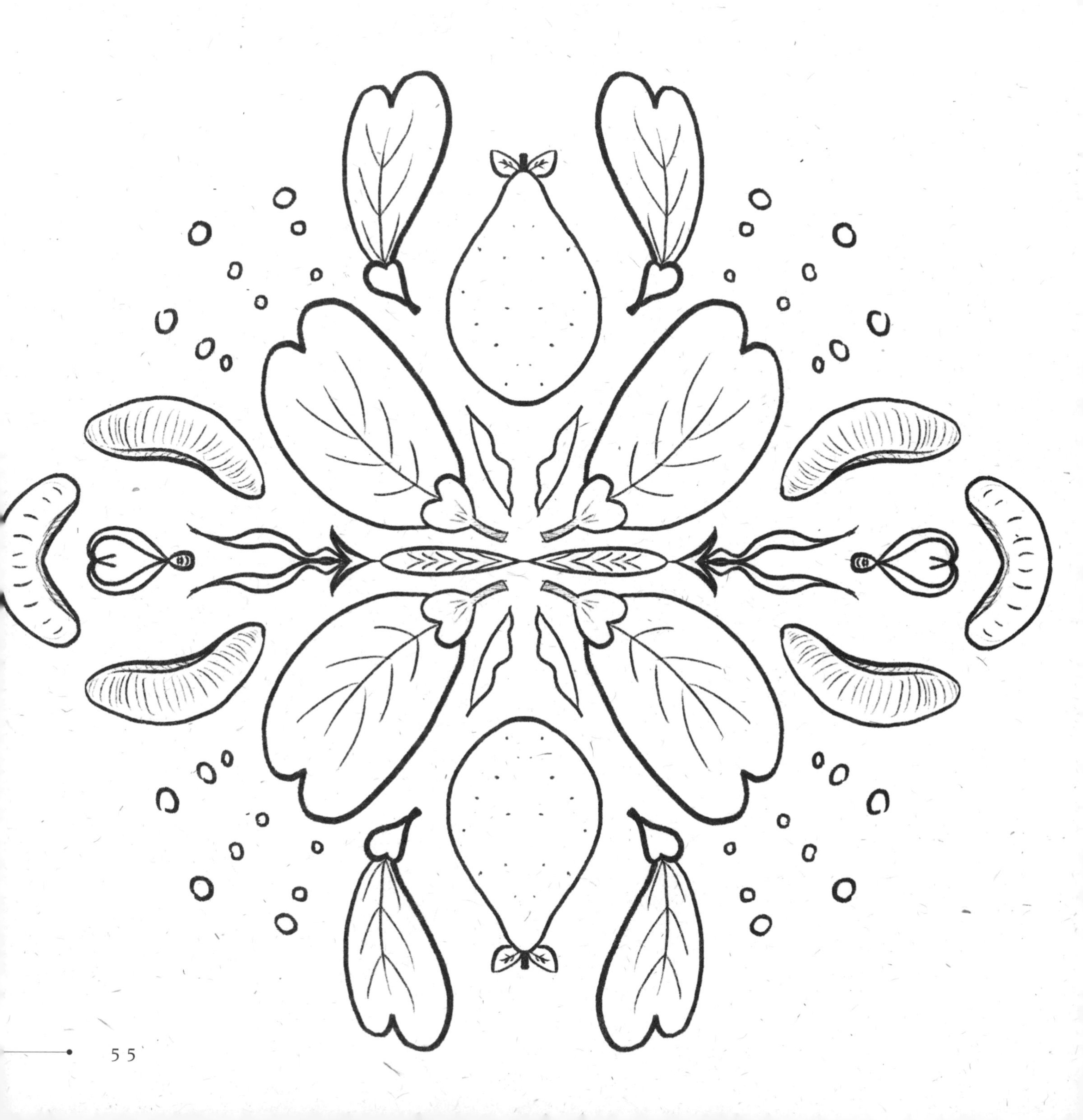

## 糾結

朝陽落幕後的深深夜裡，

唯有置身在其中，

才領略其中的滋味，

疲憊的身心、糾結的情緒，

在看見暖陽落日，

更能領受夕陽餘暉後的寒涼對比，

永許它發生中，法自然著、如是。

## 憤怒

最近腦海中常浮現兩個字“偷夢”，

夢想是虛無飄渺的，偷的走嗎？

突然想起一場會議裡的策略，

突變成他人公司的執行項目，

當下心裡感受到憤怒！

深呼吸～與憤怒的情緒同在著，

告訴自己，我是有價值的！

我想，如果沒有核心價值的去做，

那麼這個夢想是沒有生命力的吧！

如果是場好夢，利己利人的夢想，

就敞開雙手，歡迎把夢想實踐吧！

讓夢想流動，讓愛延續，讓世界更美好。

有價值

頌缽的缽音、總是莫名為我帶來安定力！

完成基礎與進階課後，我決定挑戰三階，踏上不丹旅程～

出發前我得了腸胃炎，腹瀉、胃痛，

身體充滿不安與恐懼？

要去嗎？要放下一切？要完成第三階嗎？

在同學、老師的鼓勵下，我上了飛機，拖著虛弱的身體！

當飛機餐來到面前，我的腸胃完全不適應，

當時我知道，當下的我需要最少的移動，好好休息...

念頭的瞬間又遇上亂流，

轉頭看著身邊的學姊突然臉色蒼白，

而我只能專注在呼吸裡照顧身體，

我更確定我需要回家休息。

飛機降落了，在轉機點，我宣告：我決定回家！

有時候只能為自己負責與選擇，

選擇面對自己對死亡的恐懼與無能為力，

選擇溫柔的照顧自己的不安，

這是我以為的當下的臣服經驗

不丹，下次見！謝謝一切！

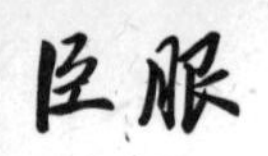

想念

家人情（上）

謝謝疫情，讓我學會勇敢做選擇！

這年我選擇，送給家人與出生地，一場音樂會，

在我們已經很少有機會，聚在一起的這麼多年以來…

將祝福與想念化作音樂傳遞出去！

每一次的工作會議裡，

我的眼淚～總是隨著記憶的開啟、而落下

我想念姊姊、我想念童年...

我想念被疼愛也無所事事時的自己，

那個自己，擁有著天真活潑與對生命的熱情與信心！

謝謝我親愛的家人們，陪伴我一起共度的單純生活！

近鄉情卻地害怕退縮，

以音樂的流動與家人交流，也是再一次的自我挑戰！

害怕退縮

不安

家人情（下）

我感謝製作團隊的陪伴與同在，

陪我面對心情與不安！

從託付與信任，一路走到我跟團隊成員有了意見的分歧，

最後我們撕裂了，甚至經歷合作的有一組夥伴，

突然一起離開，節目就要開天窗了！

我突然感覺一陣寒涼、腦中一片空白，

我問自己，是否還要繼續！

但心裡很堅決，最後一哩路！

只要我還能唱，我要完成！

只要心還在，要送的祝福也想要完成！

經歷了衝突、經歷了討價還價，

我學會放過自己！

記得，我送出去的是給出生地與家人的一份祝福！

謝謝所有跟著我 走過這深深挫敗感的一段旅程，

不要離棄他，戴上溫柔與慈悲心，

繼續面對下一場挑戰！慢慢來～走吧！

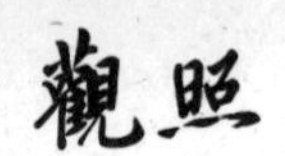

感受生命的無常！

有感，什麼是我們該珍惜，該去努力的？

生活索事，常不知不覺成了自困的困局，

該如何捨斷，才得心安自在？

這是需要不斷練習與重來的過程，

並從中關照心路，

當照見心路的軌跡，

也就是突破困局的生機。

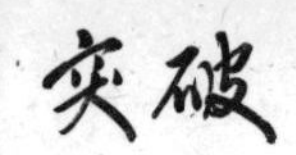

是不是、可不可以，

就像植物般的簡單綻放…

不需要在生命的存在中，無止盡的粉墨登場…

辛苦了…所有的機制，如果你們還沒準備好，

我會開始停止，讓你們得以鬆綁…

無論那是什麼？

沒事的、請找到那個屬於個人能接納的安然自在！…

接納

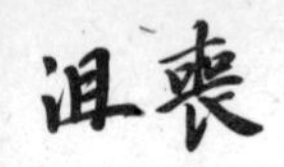

下午外出後，我的矛盾，

讓頭又開始痛了～感覺人生好沮喪、不平沒希望，

離開賣夢前，彤寫了黑板上的一句好話「勇感」，

很有力量且溫暖了我，

問她是不是分享給今天的我，

她說：是她今天寫數學功課時的體會，

原來～

【彤一直寫錯字，還是把勇敢的敢寫錯。】

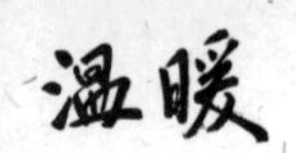

勇
感

打開心窗、曬曬太陽　讓心取暖！

珍惜 感恩陽光的到來，儲存心 能量！

心

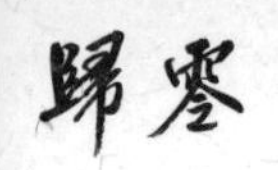

今天是幸福感恩一天，好棒的導讀，
勾出彼此的體悟與印證，空無！
「荒漠甘泉」是我一輩子不太可能翻開的讀本，
重點是即時翻開它，我卻像看無字天書般，
讀不懂它的語詞邏輯與人物關聯！
2013我努力著同時起啟用各種方法，
想安住自己、做更好的自己。
2014我卻完全相反，什麼都不想做，
歸零同時只想放下所有方法，回到原始的自己。
。讓自己的小宇宙與大宇宙的頻道同步共振。
專注當下的創造，讓大小宇宙的聯結，創造和諧的樂章。
不要去填補心中的匱乏，
卻仍要持續的創造自己的新面貌。

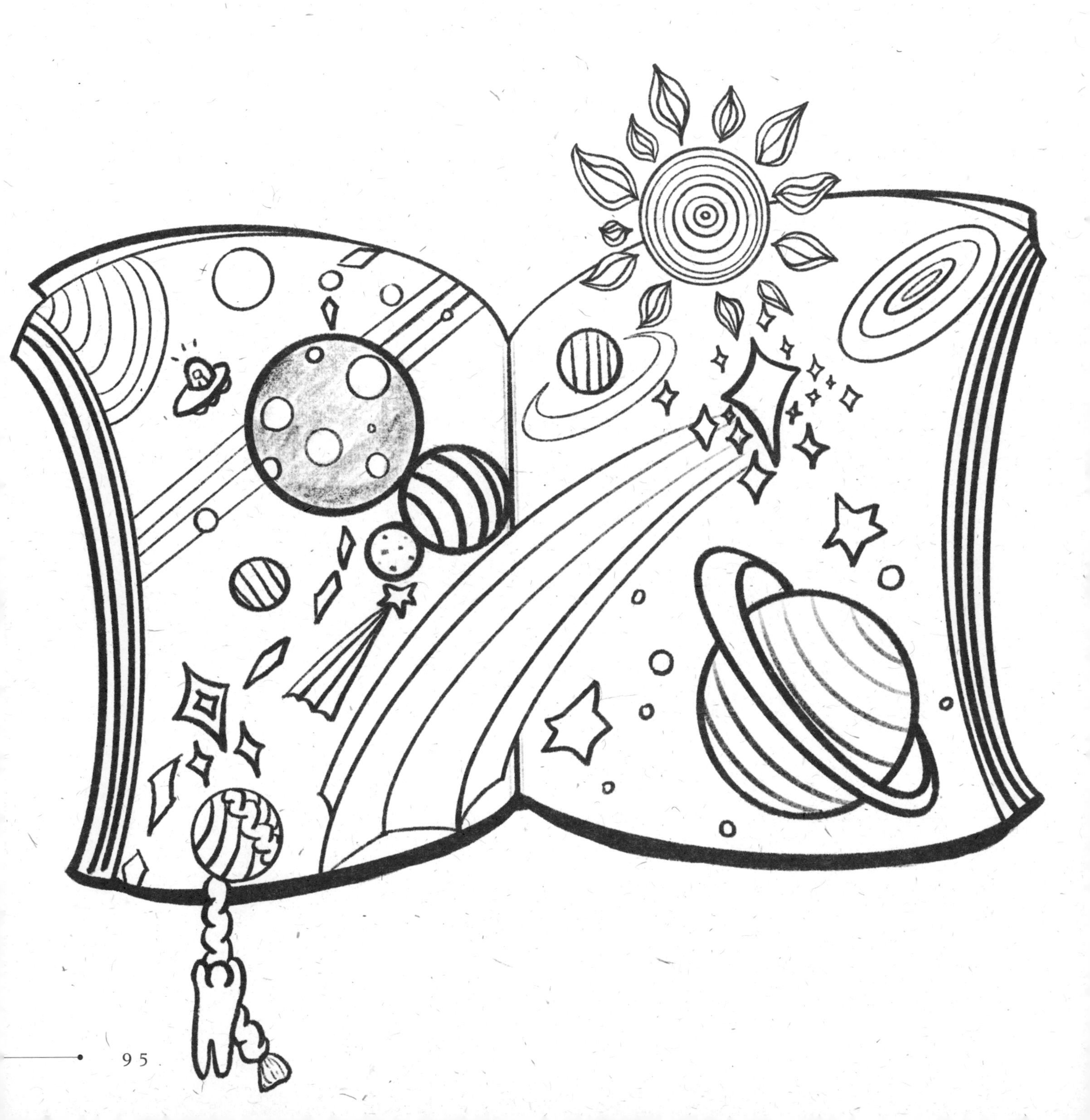

值得

期待的自創曲與經典一分鐘國民廣場舞蹈MV，

那天晚上順利完成，超級開心的過程，

感謝所有專業分工與共創，

一整天就像是經歷人生大事，

像舉辦一場婚宴的慎重與喜悅。

「我值得擁有真愛」！

一早醒來，突然感受到，我已經擁有了真愛！

謝謝生命！謝謝經歷！謝謝痛苦！謝謝喜悅！

中止恐懼的自動化控制！

願你的選擇 全都源自愛、而非恐懼！

# 祈願　心神平安賦

山嵐飄、雨滄滄　人間行、枯木觴

天地、造景養生康　人和、造夢修心腸

作者：Dreamer
插畫：林彤恩
書法：凌春玉
美編：滄滄文化創研所

發 行 人：陳玉蓮
出　　版：賣夢工作室有限公司
地　　址：台北市文山區景華街 216 巷 6 號
電　　話：02-2930-5660
E MAIL：information@dreambubble100.com

印刷裝訂：大光華印刷
出版日期：113 年 7 月
定　　價：N T 480 元
I S B N：ISBN 978-626-95450-2-5

代理經銷 / 白象文化事業有限公司
401 台中市東區和平街 228 巷 44 號
電話：（04）2220-8589　傳真：（04）2220-8505